I0075021

$T_{x.}^{30}$

DES SÉCRÉTIONS EN GÉNÉRAL

DE L'INFLUENCE

DE LA

DIGESTION GASTRIQUE

SUR L'ACTIVITÉ FONCTIONNELLE

DU PANCRÉAS

PAR

Lucien CORVISART

Médecin Ordinaire de l'Empereur, etc.

MÉMOIRE PRÉSENTÉ LE 26 FÉVRIER 1861 A L'ACADÉMIE IMPÉRIALE
DE MÉDECINE.

PARIS

VICTOR MASSON ET FILS

PLACE DE L'ÉCOLE-DE-MÉDECINE.

1861

T 20
b
8

DES SÉCRÉTIONS EN GÉNÉRAL

DE L'INFLUENCE

DE LA

DIGESTION GASTRIQUE

SUR L'ACTIVITÉ FONCTIONNELLE

DU PANCRÉAS

PAR

Lucien CORVISART

Médecin Ordinaire de l'Empereur, etc.

MÉMOIRE PRÉSENTÉ LE 26 FÉVRIER 1861 A L'ACADÉMIE IMPÉRIALE
DE MÉDECINE.

PARIS

VICTOR MASSON ET FILS

PLACE DE L'ÉCOLE-DE-MÉDECINE.

1861

APERÇU

LES SÉCRÉTIONS EN GÉNÉRAL

On sait que l'incessant mouvement de la matière consumée ici par l'exercice de la vie, là, perpétuellement renouvelée d'une manière urgente par la nourriture, ferait de l'économie un réceptacle immonde et inerte, sans les sécrétions.

Sans aborder celles qui déterminent la succession de l'espèce, les sécrétions qui assurent la vie de l'individu convergent à ce grand but d'une manière bien différente.

Quoique capitale, cette différence est, il faut l'avouer, bien peu comprise dans la distinction classique des sécrétions en excrémentitielles et récrémentitielles, basée, en effet, sur un phénomène relativement peu significatif; aussi serais-je volontiers conduit à proposer une division plus physiologique.

On peut reconnaître en réalité deux sortes de sécrétions distinctes.

1° LES SÉCRÉTIONS ÉMUNCTOIRES qui doivent rejeter des matériaux usés, dont la présence est désormais inutile ou nuisible à la vie, tels que l'acide carbonique, l'urée, etc. Ces sécrétions et leurs matériaux sont, en définitive, l'expression de fonctions éteintes, d'organes qui ont vécu, de résidus.

2° Les autres apportent, au contraire, à l'économie des *forces nouvelles*, et sont l'expression de fonctions qui vont *naître*, telles que les sécrétions séminale, gastrique, pancréatique, etc., dont la digestion et la fécondation dérivent, ce sont LES SÉCRÉTIONS DYNAMIQUES.

Ce qui les distingue, c'est que les matériaux des sécrétions émunctoires cessent leur rôle biologique à l'instant qu'ils sortent de la glande, tandis que, au contraire, les matériaux des glandes dynamiques, loin de terminer, inaugurent, à l'instant même qu'ils sont sécrétés, celui qu'ils sont appelés à jouer dans l'économie.

On voit la différence radicale (1).

Ces deux sortes de sécrétions, concourant au même but par des voies essentiellement différentes, sont également importantes : sans les dynamiques, en effet (spermatiques, digestives, etc.), la vie cesse d'être engendrée ou entretenue ; si les émunctoires sont suspendues (comme par un arrêt de la sécrétion de l'urée ou celle de l'acide carbonique par le poumon), la vie se trouve comprimée, empoisonnée, s'éteint encore.

Sans rappeler les conséquences trop connues de l'exagération des sécrétions intestinales, du simple mais durable détournement de la salive ; celles de l'arrêt de la sécrétion de l'urée, de l'obstacle à celle de l'acide carbonique sont saisissantes!

Qui n'a présent à l'esprit tout ce qu'entraîne la brusque suppression de la sueur? car il est à remarquer que ce n'est point une conséquence locale qui suit l'altération d'une sécrétion ; l'effet morbide est général.

Aussi telle est l'importance des sécrétions qu'on peut affirmer que l'intégrité d'une seule est presque toujours plus nécessaire à l'économie que la conservation d'un membre !

Trop portée, peut-être, de nos jours, vers les études relativement faciles du système nerveux, la physiologie expérimentale a, en général, délaissé l'étude de la nature, ou, comme on dirait en Allemagne, du *processus* des sécrétions ; de sorte que les erreurs accréditées sont parfois bien grandes.

Pour n'en citer qu'un exemple, l'on enseigne journellement que, par des excitations galvaniques, physiques, chimiques, on peut instantanément provoquer la sécrétion.

Le bon sens ne répugne-t-il point cependant à admettre qu'un globule de graisse sébacée, un ferment digestif ou un spermatozoaire puisse naître instantanément d'une excitation galvanique?

Aussi nous pardonnera-t-on quelques généralités sans doute prises bien *ab ovo*, et une analyse sans doute aussi méticuleuse de la sécrétion, mais analyse et généralités nous paraissent importantes. Elles

_____

(1) En aucune science il n'existe de classification absolument rigoureuse. Celle-ci n'échappe point à cette loi générale.

Il est évident que les sécrétions dynamiques éliminent toujours quelque substance émunctoire, quand ce ne seraient que les produits de désassimilation de la glande elle-même, mais le principe général n'en subsiste pas moins, comme la distinction. Certains matériaux émunctoires peuvent même remplir quelque rôle dans l'économie, comme le mucus qui lubréfie les surfaces, sans cesser pour cela d'être surtout destinés à l'élimination. Ce qui fait le caractère d'une sécrétion dynamique, c'est la création par la glande d'un principe spécial en vue d'une grande fonction, indépendamment de tout ce qui peut accompagner ce principe.

contribueront à rendre plus clairs les résultats de notre recherche sur le pancréas.

D'ailleurs, si nous nous sommes trompé, l'attention sera du moins attirée sur elles.

On sait que tout embryon, c'est-à-dire tout ovule ou œuf se développe, s'accroît et se configure d'abord sans système nerveux, sans vaisseaux; néanmoins on peut prévoir dans un ovule tel organe, tel caractère d'espèce, presque telle ressemblance individuelle, jusqu'à telles aptitudes diathésiques. Donc, à moins d'admettre pendant l'évolution du germe des générations *spontanées* non-seulement de substance matérielle, mais d'organes, il faut reconnaître que chaque élément du corps des parents se trouve représenté dans l'ovule par un élément infinitésimal mais réel, doué d'aptitudes spéciales et innées d'accroissement en volume et en nombre, « *par assimilation* », de configuration, de sympathies; aptitudes qui, mises en jeu PAR LA SEULE VIE VÉGÉTATIVE, avant toute vie de relation, suffisent pour amener tel élément histologique, telle forme individuelle ou collective de ces éléments, telle disposition anatomique de ces éléments des organes ou tels organes eux-mêmes, telles aptitudes fonctionnelles individuelles ou collectives de ces derniers, l'individu tout entier.

Ces propriétés individuelles inhérentes à chacun des éléments du germe, la distinction entre la vie végétative et la vie de relation, la constitution d'une anatomie nouvelle, l'histologie microscopique sont bien ce qui a mené un savant profond, M. Virchow, à la doctrine CELLULAIRE. « *Chaque animal représente une somme d'unités vitales.*

Mais, quoi qu'il en puisse être de la cellule ou de la MOLÉCULE, si l'élément organique et l'organe peuvent s'accroître et se configurer sans vaisseaux ni nerfs dans le germe, la vie végétative ou de nutrition *ne dépend point de l'essence même des nerfs et des vaisseaux.*

Rien ne surprendra dès lors si, dans la vie adulte, toute influence absolue ne vient pas, pour la nutrition et les nutritions locales des seuls nerfs et des seuls vaisseaux. Or, il en est à peu près de même pour les sécrétions.

La présente recherche sur le pancréas et les développements qui suivront, tendent, en effet, à reconnaître dans la sécrétion dynamique : un ACTE que l'on peut diminuer ou augmenter en grande partie indépendamment des pures actions vasculaires et nerveuses et sous des influences surtout nutritives, une MULTIPLICATION d'éléments essentiels à la vie, ferments, etc., par une sorte de nutrition locale dépendant, après la nature de l'organe et ses aptitudes moléculaires essentielles, non des excitations nerveuses ou des pressions vaso-motrices, non pas de la quantité ni de la rapidité, « mais de la QUALITÉ (1) DU SANG » ; de façon que ce point spécial de nos études nous ramènera à un grand principe, presque à la théorie cellulaire.

La sécrétion, grâce au même mot appliqué malheureusement à bien des choses différentes, est une fonction si obscurcie (2)

(1) Je n'entends point des qualités excitatrices, mais assimilatrices du sang.

Un sang artériel ou veineux peut être toujours excitateur, il n'est assimilateur que dans la période digestive. C'est de l'alimentation que vient cette qualité nutritive assimilatrice du sang.

(2) Le mécanisme de la sécrétion est un dédale dont les auteurs paraissent avoir hâte de sortir dans leurs trop rapides pages.

Deux hypothèses surtout ont été proposées. Suivant la première, les substances de la sécrétion préexisteraient dans le sang et ne feraient que se déposer ou passer dans la glande ; suivant la seconde, ce seraient les substances mêmes de la glande qui deviendraient, par un acte de désorganisation, de désassimilation, celles de la sécrétion.

Contre la première hypothèse, on voit que les matières communes du sang constituent seulement l'élément indifférent ou commun des sécrétions dynamiques ; mais on n'a jamais trouvé dans le sang les éléments spéciaux de celles-ci : la pepsine, la pancréatine, les animalcules spermatiques. Il y a donc élaboration, création dans la glande.

Pour appuyer la seconde hypothèse, on n'a guère poussé les études bien loin ; on a tenté de montrer que c'était l'épithélium des acini ou des canaux glandulaires qui créait ces matériaux par désassimilation ; mais rien n'a été prouvé.

Que la chose se passe par cet intermédiaire de formation et de désassimilation histologiques ou par tout autre, ce n'est pas ici le lieu de le discuter.

Ce que nous admettons comme indubitable c'est que tout, dans l'ovule fécondé, préexiste en substance ; de même nous admettons que la glande, au moment de son apparition, contient en quantité infinitésimale le ferment qui forme le caractère et le but de sa fonction.

Pour que la glande puisse prendre sa forme et son volume, on est conduit à admettre que les substances qui préexistaient en elles se sont multipliées, c'est-à-dire accrues en provoquant incessamment dans certaines substances étrangères qui lui sont apportées et ont avec elles le plus de ressemblance, une similitude, une assimilation. L'expression a consacré la netteté de cette loi. Pareille chose, suivant nous, se passe pour le ferment pancréatique.

Existant dans la glande simultanément avec la formation de celle-ci, ce ferment s'accroît ensuite par l'exercice des mêmes lois, c'est-à-dire en assimilant progressivement à lui-même dans la trame de l'organe certaines parties qui viennent de la nourriture modifiée sous forme de nutriments par la digestion, modifiée peut-être d'un degré de plus encore dans le sang qui les apporte. Cette assimilation est lente et peu profitable par le seul aide des matériaux que le sang contient pendant le jeûne. Elle est, au contraire, rapide, facile, abondante à l'aide de l'apport des peptones gastriques.

La diversité des glandes, la variété des nutriments, et par conséquent les différentes assimilations, expliquent ainsi facilement la diversité elle-même des sécrétions.

Mais, nous le répétons, admettre que, aussitôt qu'un nerf vaso-moteur est excité, une pression vive du sang provoquée, la dilatation des vaisseaux opérée, cette FORMATION de matériaux sécrétoires se trouve aussitôt effectuée en abondance et comme d'un coup de baguette, nous ne pouvons souscrire à cette théorie.

Ce que la pression du sang, la dilatation des vaisseaux provoquée par les expériences récemment faites peuvent rapidement produire, c'est l'excrétion, la filtration si l'on veut, en quantité variable, de certains matériaux préexistant dans le sang, comme l'eau, l'albumine, les sels minéraux, etc., excrétion qui prend le libre chemin des que nous demanderons la permission d'en faire une analyse nouvelle, d'y reconnaître et dénommer trois actes bien distincts, savoir : 1° LA FORMATION SÉCRÉTOIRE ; 2° LA FILTRATION ; 3° L'EX-CRÉTION.

1° LA FORMATION SÉCRÉTOIRE, constituée par la création de matériaux nouveaux *étrangers au sang* en même temps que caractéristiques de la glande : les animalcules spermatiques, par exemple, ou le ferment pancréatique qui fait le sujet de notre étude.

2° LA FILTRATION, soit le passage rapide dans la glande en proportion variable suivant chacune (1), des matériaux communs du sang, albumine, matières extractives, sels minéraux, et surtout en abondance de l'*eau du sang*, ayant pour but direct, soit de dissoudre les matériaux caractéristiques et fonctionnels créés par la glande (pepsine, diastase, pancréatine), soit de fournir un véhicule approprié à de tels matériaux (2).

3° L'EXCRÉTION, en dernier lieu, qui, effectuée par la contraction des acini et des vaisseaux excréteurs, contraction favorisée par la veine liquide résultant de la filtration, entraîne tous les matériaux mobiles, les porte en un endroit déterminé et favorable : vessie, duodénum, etc. (3).

Enchevêtrés, ces trois actes constituent la sécrétion entière, mais ils sont très distincts.

Ils peuvent se trouver séparés naturellement, c'est ainsi que la « *filtration* » est réduite à sa plus simple expression dans les

canaux glandulaires. L'esprit conçoit facilement un pareil effet, provoqué soudainement et sous les yeux mêmes de l'expérimentateur, par de telles causes.

Mais il en est autrement, s'il s'agit d'une élaboration sécrétoire, d'une création nutritive. Hardiment nous nous défendons de croire que de telles expériences aient produit une véritable sécrétion, une création.

(1) Passage souvent électif. L'urée passe surtout dans les urines ; mais il en existe toujours dans les glandes sudoripares. Celles-ci présentent aussi de l'acide lactique, des lactates ; mais le lieu surtout électif de celui-ci est la sécrétion gastrique. En un mot, presque jamais l'élection glandulaire émunctoire n'est absolue.

(2) On peut considérer l'acte de filtration comme un acte intermédiaire aux deux autres. S'il est lent, il maintient la glande dans l'état d'humidité et de nutrition nécessaire à sa vie, s'il est rapide, abondant, c'est sans doute la sécrétion, mais surtout l'excrétion qu'il favorise. En effet, son courant a une action d'entraînement, et la veine liquide qu'il fournit donne prise utile à la contraction des canaux excréteurs. Toutefois, l'acte de filtration, *en dehors de la qualité du sang*, appartient plutôt au groupe excréteur des actes de la sécrétion ; au contraire, la qualité du sang étant favorable, les actions vaso-motrices qui accélèrent la circulation et la filtration peuvent augmenter la FORMATION SÉCRÉTOIRE d'une manière indirecte, en apportant plus ou moins de ces matériaux favorables, peptones.

(3) Dans les sécrétions dynamiques, l'excrétion a pour but, après la filtration qui a lavé et liquéfié les principes caractéristiques formés, de conduire ces derniers au lieu favorable à la manifestation fonctionnelle pour laquelle ils sont créés. C'est en réalité un acte de translation, car le mot *excrétion* convient bien mieux à cet acte s'il s'agit de sécrétions émunctoires, dont le but est non de conduire, mais de chasser et d'expulser.

muqueuses à mucus pur, comme dans les narines; que les canaux
« d'*excrétion* » font défaut dans la sécrétion glycogène; que, dans
la spermatorrhée, la gastrorrhée, la *formation des produits caractéristiques* s'abolit, tandis que la filtration et l'excrétion s'accrois-
sent à l'extrême.

Ces actes, étant distincts, peuvent obéir aussi à des lois absolument différentes. Je n'en prendrai qu'un exemple : l'urine, dont
l'acte de filtration est à peu près constant et soustrait à la vo-
lonté, tandis que l'acte d'excrétion est au contraire intermittent et
toujours volontaire.

Si j'insiste sur cette distinction de trois actes, c'est que, à mon
sens, il en résulte des principes pratiques de la plus haute importance :

La filtration dépend surtout des excitations vaso-motrices, de
la pression vasculaire; l'excrétion est plus motrice encore. Toutes
deux sont du ressort de la vie de relation (1), qui a ses lois spéciales.

La formation sécrétoire est sous la dépendance directe, au contraire, de la vie végétative ou de nutrition (2), dont les lois sont
différentes.

De même que la recherche analytique de chacun de ces actes
peut se faire par des procédés expérimentaux différents, de même
c'est à des agents tout différents que le praticien devra avoir
recours pour solliciter, ici, l'excrétion attardée; là, la filtration
émonctoire des matériaux communs du sang; ici, enfin, pour rappeler la formation, c'est-à-dire la force et l'action d'une sécrétion
dynamique épuisée.

Or, la physiologie jusqu'à présent fait défaut à donner ici de
sûrs enseignements, et cela parce que la plus grande confusion y
règne encore touchant le mode dont on doit étudier, c'est-à-dire
ÉVALUER, dans des circonstances diverses, l'ACTIVITÉ des glandes
sécrétoires; c'est toujours à l'excrétion, à la quantité de liquide
excrété qu'on mesure cette activité; rien n'est plus fâcheux.

La plupart des physiologistes, rebutés peut-être par l'obscurité
de l'acte que nous appelons de « formation ou d'élaboration glandulaire », séduits par la facile observation de quelques qualités
physiques et chimiques, et des phénomènes de l'*excrétion*, ne se
sont guère occupés que de celle-ci.

---

(1) Il ne faut pas méconnaître *l'indirecte et réelle influence* que la circulation et
le mouvement du sang exercent sur la nutrition; mais cette influence dépend directement de la qualité du sang.

(2) La vie de nutrition générale ou locale dépend, chez l'œuf, des qualités des matériaux de l'œuf et de l'air, avant toute circulation; chez l'animal formé elle dépend *des
qualités* des fluides nutritifs circulants.

Pour amener la filtration et l'excrétion, il suffit, en effet, d'exciter, et l'observation est faite.

Les excitants de toutes sortes : électricité, pincement, frottement, alcalis, acides, sels, alcool, éther, sections de nerfs, ont été prodigieusement expérimentés.

De ce qu'il y avait aussitôt écoulement ou sécheresse, on a inféré qu'on avait aussitôt excité ou aboli l'ACTIVITÉ GLANDULAIRE, concluant ainsi, par une étrange confusion de faits et de mots, d'un acte seul, l'excrétion, à l'activité sécrétoire, à la sécrétion tout entière.

Les uns ont mis du vinaigre dans la gueule d'un chien, la salive sous-maxillaire s'est écoulée aussitôt en abondance ; d'autres ont coupé le nerf tympanico-lingual, puis pincé son bout central, l'écoulement salivaire, arrêté d'abord, a reparu ; d'autres ont excité par des frottements la membrane muqueuse de l'estomac, et ont vu sourdre des gouttes de liquide acide comme le suc gastrique ; d'autres, enfin, ont touché avec un acide l'extrémité duodénale du canal pancréatique, l'écoulement par ce canal s'est aussitôt effectué.

On a déclaré que l'activité sécrétoire avait été atteinte. Je le répète, dans toutes ces expériences, il était manifeste qu'on avait seulement provoqué l'excrétion, montré les excitateurs naturels de celle-ci, et cependant, quoique l'observation seule de cet acte ait été faite, presque toujours on exprime cette conclusion finale : qu'on avait EXCITÉ LA SÉCRÉTION (1), la substitution des mots masquant ainsi l'insuffisance ou l'erreur de la recherche.

En effet, de savoir, dans chaque expérience, si les liquides écoulés (2) avaient vraiment *acquis* par l'élaboration les propriétés digestives, ce qui était le plus important ; de rechercher, par une mesure, si ces propriétés avaient augmenté, diminué ou s'étaient maintenues au degré de l'état normal sous l'influence nerveuse ; si l'acte d'élaboration glandulaire, en un mot, avait été influencé de la même manière que la filtration et l'excrétion ; les physiologistes ne l'ont point fait.

L'excrétion eût-elle été riche en ferment, de rechercher si celui-ci ne préexistait point dans la glande avant l'expérience d'excitation nerveuse, ou avait été réellement formé « *pendant* et *par celle-ci* », on n'y a même point songé.

Non contents d'appliquer à l'activité la sécrétoire entière, ce qu'ils avaient vu pour la seule excrétion sous l'influence des excitants, les physiologistes ont été plus loin ; s'étant livrés aux résections

---

(1) Longet a toutefois sur ce sujet donné un grand exemple de prudence. Voyez *Physiologie du système nerveux*, art. PNEUMOGASTRIQUE.

(2) Voyez ce que j'ai observé pour le suc gastrique obtenu par les excitations mécaniques comparativement à d'autres, dans Longet, *Physiologie*, t. I, p. 181, 2ᵉ édition.

nerveuses, après avoir vu l'estomac rester sec après la section des pneumogastriques, le conduit de Warthon ne plus émettre de liquide après celle du nerf tympanico-lingual, ils ont, par un même système, toujours conclu de l'abolition d'un seul acte, celui de l'excrétion, à l'abolition, sous ces influences, de toute l'activité sécrétoire, sans s'être, par des expériences précises, enquis de savoir si, par hasard, durant les douze ou vingt-quatre heures qui suivaient la section nerveuse, la glande ne continuait pas à se nourrir, et à élaborer les principes importants, fonctionnels de sa sécrétion, et à s'enrichir de ces produits élaborés en raison même de la section nerveuse et de leur défaut d'expulsion.

Si donc l'étude des phénomènes et des causes de l'excrétion peut être aujourd'hui assez connue par ces données, celle des actes glandulaires qui dépendent surtout DE LA VIE DE NUTRITION, en un mot la formation et l'accroissement des principes essentiellement destinés par leur action fonctionnelle future au plus grand rôle, se trouve toute à commencer (1).

Les causes qui les produisent, les variations qu'ils peuvent subir ont également été négligées.

En résumé, lorsque l'on veut étudier l'excrétion, la filtration sécrétoire, tous ces procédés sont bons, mais ils sont absolument insuffisants s'il s'agit de faire connaître le type normal, et les variations que, sous les diverses influences, subit l'ACTE DE FORMATION SÉCRÉTOIRE, qui donne naissance aux ferments.

Aussi, quoiqu'on ait décrit parfois quelques modifications d'aspect physique, de couleur, de transparence, de densité, de saveur ou d'odeur dans les liquides excrétés, et, dans de rares occasions, quelques modifications chimiques constatées par l'analyse, on n'a point avancé d'un pas.

Ainsi, relativement aux sécrétions que nous étudions plus spécialement ici, nous pensons que la pure étude physique ou chimique est entièrement impuissante. En effet, l'analyse chimique n'a guère porté, en ces occasions expérimentales déterminées, que sur le moins important, sur l'eau, l'albumine, les sels organiques ou minéraux, substances qui, bien qu'issues de la glande, sont communes au sang, comme elles sont communes aussi à toutes les sécrétions. L'analyse quantitative des ferments a été particulièrement négligée ; l'eût-on faite, comment apprécier la quantité et la valeur de ces substances ?

_____

(1) Burdach, bien qu'il l'ait fait d'une manière assez confuse, a le grand mérite d'avoir tout au moins posé un grand nombre de sages et profondes questions sur ce sujet (voy. *Physiologie*, vol. VII, AFFLUX DU SANG, FORMATION ORGANIQUE, etc.), mais il confond bien souvent, malgré tout, l'excrétion et la sécrétion.

Jamais physiologiste véritable ne saurait se contenter d'une pure analyse chimique pour l'appréciation de la qualité fonctionnelle des sucs digestifs, car ils doivent celle-ci à des ferments, c'est-à-dire à des corps encore très voisins de la vie. Ces corps, on le sait, pour une quantité et une composition identiques, peuvent jouir de propriétés fonctionnelles essentiellement inégales en puissance : telle la pepsine, qui, ainsi que je l'ai dit (*Dyspepsie*, 1854, p. 2, note), pour un même poids, une même composition, se montre tantôt inerte, tantôt efficace à digérer. Est-ce que la seule température de 70 degrés centigrades, sans en modifier sensiblement la composition chimique, ne change pas physiologiquement ce ferment du tout au tout de façon à le rendre inerte ?

On le voit, même pour l'étude de la *formation* plus ou moins *parfaite*, plus ou moins *abondante* des ferments digestifs, il faut employer d'autres moyens que ceux dont on a usé jusqu'à ce jour.

Qu'importent les qualités physiques, ces tableaux chimiques, si, quoique abondants, pesés, chiffrés, les principes fournis par la glande sont fonctionnellement impuissants !

Dans une sécrétion dynamique, ce qu'il faut savoir et connaître, c'est sa force.

Telle sécrétion adynamique est abondante qui, versée pendant la période digestive entière, produit un effet considérable, quels que soient son petit volume, le poids et la proportion de ses matériaux solides.

L'effet de la sécrétion salivaire (1), dans l'état actuel de nos connaissances, est de transformer l'amidon ; combien d'amidon a été transformé par : 1° la totalité de la sécrétion ; 2° dans un temps donné, celui de la digestion ?

Si elle a eu beaucoup d'effet, la sécrétion, pour nous, sera abondante ; sinon, elle est faible et pauvre.

Si l'on veut mesurer quelle distance sépare nos connaissances actuelles de cette vraie et utile physiologie de la digestion, je fais une question : Aurait-on quelque réponse du plus habile médecin en lui demandant s'il connaît des médicaments qui détruisent ou perfectionnent, *non pas l'excrétion*, mais la réelle FORMATION de la pepsine ou celle des spermatozoaires ?

La négligence de l'enseignement et des études est à tel point que cette question bien simple le laisserait néanmoins plus incertain et plus muet que pour résoudre les difficiles problèmes de la pathogénie de la rage ou de la nature de l'intelligence. Heureux encore si, renouvelant l'étrange confusion faite entre la simple excrétion et l'acte complexe de la sécrétion glandulaire, on n'obte-

(1) Sous-maxillaire.

naît pas, au bout de cette demande, la longue liste des excitants de l'EXCRÉTION SEULE, liste dans laquelle la plupart, faute d'enseignements physiologiques, puisent à l'aveugle, pour assurer ou ramener la PERFECTION des fluides digestifs !

Mais pour arriver à connaître les variations que la nature ou la science peut amener dans cette activité de l'acte *formateur*, élaborateur des ferments digestifs, une première chose est indispensable, il faut rechercher l'état normal, en reconnaître et mesurer le type.

Pour cela, au lieu de passer, à propos de chaque fonction, philosophiquement en revue tous les animaux de la création, il faut négliger cet étalage de science fausse, puisqu'elle est nécessairement à peine ébauchée sur chaque point. Qu'on se restreigne, pour ce qui nous occupe, à prendre un animal de genre, d'espèce unique, dont l'alimentation ordinaire ressemble le plus à celle de l'homme (le chien est l'animal le mieux approprié à cette exigence), qu'on prenne parmi ces animaux les plus semblables qu'il est possible par la façon de vivre, l'âge, la santé ; il faut étudier leurs habitudes, les influences qu'ils ressentent, dans les expériences comparatives ne faire jamais varier qu'une seule condition, et surtout pour arriver à connaître la fonction dans son état physiologique *commencer* par éviter toute condition expérimentale capable de troubler cet état, approprier les opérations à la délicatesse des organes, étudier l'action personnelle de celle-ci. Une fois un premier jalon vraiment exact posé et le terrain déblayé, on s'élève seulement alors à des expériences de plus en plus difficiles, à des vivisections plus hardies, mais dont on sait apprécier la valeur expérimentale.

Le premier jalon dont nous venons de parler, c'est l'état normal.

Examinons-le pour le suc gastrique.

Si la sécrétion gastrique était régulièrement continue ; si son abondance, pour un même temps, était invariable ; si le poids et la proportion de tous ses matériaux solides, ou de la pepsine seule, étaient égaux pour un même temps ; si l'activité de ce dernier et principal agent était proportionnelle à son poids, rien ne serait plus facile que de déterminer cet état normal. Mais la sécrétion est intermittente, et ne dure que pendant certaines heures qui suivent le repas ; elle varie d'abondance ; tantôt elle est aqueuse, tantôt concentrée ; la proportion de pepsine chimique qui y est contenue oscille ; bien plus, un même poids de celle-ci tantôt est très actif à digérer, tantôt est inefficace.

L'observation des variations dont nous venons de parler et l'emploi de la digestion artificielle pour évaluer, *par l'effet digestif produit*, la normale de l'activité sécrétoire de l'estomac montrent toutefois que, pour le suc gastrique, cet état type ou normal n'est pas impossible à établir.

C'est, en effet, durant les douze heures (et surtout les six premières heures) qui suivent le repas que la sécrétion s'effectue ; son écoulement peut être observé, le suc peut être recueilli goutte à goutte dans une poche quelques jours après l'apposition de la canule gastrique, cette sécrétion peut être sainement appréciée parce que la canule appliquée à l'estomac, organe habitué au contact des corps étrangers, ne cause bientôt plus (et cela dès que la plaie est à peu près guérie) aucun trouble, aucune variation extraordinaire soit de quantité soit de force digestive dans le suc gastrique, dont on sollicite la sécrétion par des aliments difficiles à digérer.

Aussi j'ai déjà cherché, en 1856, à déterminer l'équivalent digestif du suc gastrique, ou plutôt l'équivalent digestif de la sécrétion gastrique pendant une période digestive entière, c'est-à-dire de douze heures.

J'ai d'abord trouvé que, en moyenne, un chien de 10 kilogrammes donnait par la canule, en un repas (douze heures), 250 grammes, en deux repas ou un jour, 500 grammes de suc gastrique susceptible de fournir, pour chaque 100 grammes, 5 grammes au maximum d'albumine-peptone sèche représentant un peu plus de 33 grammes d'albumine humide (1) digérée.

Toutefois j'ai remarqué que la quantité du suc dans l'état normal pouvait, suivant diverses circonstances, varier plus que la force ou l'activité de la totalité, quelle qu'elle soit, du suc sécrété pendant une période digestive entière (2) ; et cela tant pour des animaux d'un même poids que pour des animaux de poids variable.

Aussi vaut-il mieux, pour établir l'état normal de l'activité sécrétoire d'où résulte le ferment actif, se baser sur la quantité d'aliments digérés par la totalité quelle qu'elle soit, de la sécrétion gastrique pendant une période digestive entière, ou sur une fraction déterminée de cette totalité (3).

On peut dire que tout le suc gastrique écoulé par la canule (4) pendant les douze heures qui suivent un repas de 150 grammes de tendons demi-desséchés (5), chez un animal de 25 kilogrammes,

(1) Voyez Longet, *Traité de physiologie*, t. I, p. 183.
(2) Au début, à la fin d'une digestion, en effet, le suc gastrique a une force différente. Il faut juger par l'ensemble.
(3) On prend par exemple le quart, le cinquième de cette totalité pour l'expérimenter en digestion artificielle.
(4) La quantité de l'écoulement s'atténue extrêmement après les cinq premières heures du repas ; il y a aussi une variation irrégulière dans la concentration du suc.
(5) Je préférais les ligaments cervicaux du bœuf : ils sont alimentaires, le repas est véritable ; mais ils sont extrêmement longs à digérer ; on recueille donc le suc gastrique

quelle que soit l'abondance ou la concentration, la richesse ou la pauvreté en matériaux solides et pepsine de la sécrétion écoulée, que tout ce suc est capable de digérer, en moyenne, 200 grammes d'albumine humide (1).

Ainsi le suc gastrique écoulé pendant une période digestive de douze heures est capable de digérer environ 8 grammes d'albumine humide par kilogramme du poids de l'animal (25 : 200 :: 1 : 8) pour fournir à la rénovation du corps.

Tel est le type moyen de l'état normal.

Si la fibrine eût été consommée à la place d'albumine, la rénovation, par le fait du travail gastrique seul, eût pu atteindre près du double, parce que l'estomac tire presque deux fois plus de peptone de la fibrine que de l'albumine.

Cet équivalent normal approximativement établi, on voit que désormais l'étude des variations de la sécrétion efficace sous toutes les influences expérimentales que l'on voudra faire naître, est réalisable (2).

Mais le suc pancréatique nous occupe plus spécialement ici.

Peut-on évaluer le type normal de son activité, de sa richesse en ferment?

Non-seulement la sécrétion pancréatique est, comme la précédente, intermittente, mais la proportion de ses matériaux solides change à l'extrême, et son ferment varie d'activité pour un même poids, de sorte que nous avons les mêmes difficultés que pour le suc gastrique ; mais d'autres viennent s'y joindre.

Nous avons longuement parlé (3) des troubles que la fistule appliquée au pancréas fait naître dans sa sécrétion, de l'impossibilité où l'on était de recueillir même la totalité de cette sécrétion

pur, actif. D'autres aliments eussent, en se laissant vite digérer, souillé de peptones le suc gastrique, qui fût arrivé, d'ailleurs, déjà affaibli à l'expérimentateur.

(1) Le suc de deux repas de douze heures, soit celui de vingt-quatre heures, digère deux fois cette quantité, soit 400 grammes d'albumine humide, pour un chien de 25 kilogrammes.

Si l'on divise ce chiffre d'albumine par 25 kilogrammes, on voit que, par jour et par kilogramme de son poids, un animal digère par son suc gastrique 16 grammes ($\frac{400}{25} = 16$) d'albumine humide, donnant 2^{gr},40 d'albumine-peptone sèche.

Or, 1 kilogramme de la chair de l'animal, également privée d'eau, ne représente que 300 grammes environ. On voit que la digestion gastrique exercée sur l'albumine peut fournir à la rénovation approximativement un peu moins d'un centième du poids du corps : 3 (2,4) : 300 :: 1 : 100.

(2) En physiologie, ces chiffres n'ont aucune valeur absolue : ce sont des approximations ; aussi les écarts produits par les diverses conditions d'expérience doivent-ils être assez considérables pour mériter confiance. Ainsi un écart d'un dixième au-dessous ou au-dessus de la normale est peu significatif ; un écart d'un tiers ou une moitié mérite confiance.

(3) Voyez l'appendice : Parallèle, etc., p. 7 à 12 et p. 150-152, 130.

viciée, car on ne peut établir de canule qu'à un seul des deux canaux excréteurs. D'un autre côté, si c'est dans le duodénum, où se rendent les deux canaux pancréatiques qu'on établit la fistule, dans le but de recueillir tout le suc pancréatique écoulé par cette voie détournée, on n'obtient plus la sécrétion pancréatique dans son état de pureté, elle est mêlée au suc gastrique, biliaire et duodénal, ou tout au moins (1) mélangée à ce dernier, et dès lors impropre à notre recherche spéciale.

Par le procédé offensif des fistules, on ne peut donc obtenir que des résultats erronés et trompeurs.

Mais avant de s'écouler, le ferment se forme dans la glande, il y séjourne : on peut donc l'y saisir.

Comment, en quelle quantité s'y trouve-t-il à telle époque précise? Quelle est à ce moment le degré de son activité?

Si cette activité se trouvait constante pour une époque et des conditions déterminées, nous avions un critérium, et nous pouvions étudier ensuite quelles variations cette normale subissait à telle autre époque ou dans telles autres circonstances que l'esprit d'investigation pouvait suggérer.

Nous avons fait connaître et nous développerons encore (2) les raisons qui approprient si bien le procédé de l'infusion à cette recherche. C'est de lui que nous avons usé.

Voici comment nous nous y sommes pris :

Tout étant égal d'ailleurs, nous avons donné un repas déterminé et fixe à des animaux, et à une certaine heure nous les avons sacrifiés ; aucune opération n'avait pu troubler la formation du ferment pancréatique dans le sein de la glande, et nous saisissions ce ferment sur le fait. Les pancréas furent pris, leur ferment fut extrait par infusion. Puis la force digestive de cette infusion fut essayée sur des aliments ; or nous vîmes que cette force était constante et pareille.

Nous avions donc le type ; la normale, la voici :

Un chien de 12 kilos, disposé par le repas préparatoire (voy. page 179), recevant un repas ordinaire (voy. page 194, note 2), puis sacrifié à la sixième ou septième heure de cette digestion, fournit un pancréas qui renferme une certaine quantité de ferment dont l'activité est à peu près toujours *semblable*. En effet, ce ferment étant pris à la glande par infusion, cette infusion filtrée est susceptible de dissoudre en moyenne 40 GRAMMES D'ALBUMINE

---

(1) La ligature du pylore, celle du canal cholédoque, ne peuvent empêcher, en effet, que l'arrivée du contenu de l'estomac ou celle de la bile.

(2) Voyez p. 130, et l'appendice : *Parallèle*, etc., p. 14 à 16.

HUMIDE, soit par kilog. de l'animal 3 grammes 3 centigrammes d'albumine humide (1) (1 : 3,3 :: 12,40).

Nous reconnûmes que cette normale pouvait s'abaisser si l'on venait plus tard à la neuvième, douzième heure, parce que, vers ces moments, les aliments passant de l'estomac dans le duodénum, le canal pancréatique, excité par eux, provoque l'excrétion d'une partie du suc pancréatique et appauvrit la glande.

Alors, voulant, sans redouter cette excrétion partielle, venir à cette douzième heure (pour avoir le ferment de la période digestive entière), nous liâmes le pylore, les aliments ne purent plus le franchir, ni arriver dans le duodénum, ni exciter le canal pancréatique, ni le provoquer à l'excrétion. Puis, à la douzième heure, nous prîmes le pancréas, dont l'appauvrissement avait été empêché par ce moyen; or il était d'une richesse sensiblement pareille (2) que s'il avait été pris à la sixième ou septième heure du repas, sans la précaution de la ligature du pylore.

Nous en conclûmes que, à la septième heure, le pancréas avait formé *déjà* tout ou presque tout le ferment qu'il devait excréter plus tard et jusqu'à la douzième heure; et que le pancréas, bien que pris à la septième heure, nous présentait presque assurément le maximum ou la normale de ferment de toute une période digestive de douze heures.

L'infusion nous ayant ainsi donné pour normale, chez des animaux de 12 kilos une richesse de ferment approximativement capable de digérer 40 grammes d'albumine humide ou 6 grammes d'albumine sèche, nous eûmes recours comme contrôle aux expériences de la fistule pancréatique et de la fistule duodénale; ils nous donnèrent des résultats qui confirmèrent tout à fait cette normale (3).

---

(1) Si l'on prenait le chiffre pour deux repas quotidiens, on trouverait 6 à 7 grammes d'albumine humide digérée en un jour à l'aide du suc pancréatique par kilogramme de l'animal.

On remarquera que ces 6 à 7 grammes d'albumine digérée ne représentent qu'environ 1 gramme d'albumine-peptone pancréatique sèche. Or, comme le kilogramme de la chair de l'animal, privée d'eau, ne représente que 300 grammes à l'état sec, on voit que, par jour, la digestion pancréatique peut fournir en albumine-peptone, à la rénovation, 1/300 du poids du corps.

(2) Il faut, pour que cela arrive, que la digestion gastrique se soit opérée sans trouble, ce qui n'arrive pas toujours, à cause de la ligature du pylore et de l'œsophage; c'est toujours l'estomac qu'il faut d'abord examiner.

(3) 1° Malgré l'extrême irrégularité qu'on observe d'ordinaire après la fistule, il est des cas nettement reconnaissables par une évolution spéciale, cas dans lesquels, par une très grande exception, la canule pancréatique ne produit pas ses désordres habituels.

Il en fut ainsi dans un cas où la totalité du suc qui s'écoula sous les yeux pendant les douze heures d'une digestion fut expérimentalement capable de digérer plus de

De telle sorte que celle-ci une fois connue, il nous fut permis d'étudier toutes les variations que *la formation* du ferment pancréatique et ses degrés peuvent subir sous toutes les influences que l'hygiène, la physiologie, la thérapeutique peuvent suggérer.

90 grammes d'albumine humide (l'animal pesait 25 kilogrammes). En faisant un calcul analogue à celui que nous avons fait pour le suc gastrique pages 169, 170, on voit que l'albumine sèche digérée par le suc pancréatique égale, soit $3^{gr},30$ en douze heures ou $6^{gr},60$ par jour et par kilogramme de l'animal, chiffre sans doute trop faible, parce qu'une certaine quantité de suc avait pu s'écouler librement dans le duodénum, par le deuxième conduit, mais chiffre bien voisin des 7 grammes que donnerait le même calcul appliqué au suc pancréatique fourni par l'infusion.

2° Dans une autre expérience sur un autre animal du même poids de 25 kilogrammes dont le canal cholédoque et le pylore étaient liés, dont la digestion gastrique s'effectua parfaitement, ainsi qu'on s'en assura finalement, j'appliquai non une fistule pancréatique, mais une fistule duodénale, et je recueillis le fluide sécrétoire mixte (suc duodénal, pancréatique) dont l'excrétion était provoquée par une petite éponge au-dessous de la canule. Dans ces circonstances, les sucs qui s'écoulèrent dans le même espace de douze heures me donnèrent une digestion de 112 grammes d'albumine humide (c'eût été 224 grammes par jour, soit $4^{gr},50$ ou 9 grammes par jour et par kilogramme de l'animal).

L'écoulement des deux canaux au lieu du principal, l'influence digestive légère due au suc duodénal ajouté, donnent la raison de l'augmentation de cette dernière expérience. On voit que, en vingt-quatre heures, le chiffre d'albumine digérée par le suc pancréatique est ici par kilogramme de l'animal de 9 grammes d'albumine au lieu des $6^{gr},60$ du précédent, de telle sorte que toutes ces expériences se confirment l'une par l'autre.

Nota. — J'ai donné dans mon premier mémoire, p. 94, un tableau de la digestibilité des aliments. Le chiffre de la digestibilité de l'albumine par le suc gastrique, par rapport au suc pancréatique, doit être doublé.

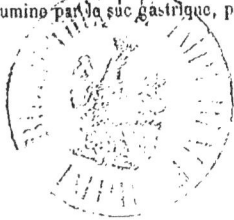

DE L'INFLUENCE

DE LA

DIGESTION GASTRIQUE

SUR L'ACTIVITÉ FONCTIONNELLE

DU PANCRÉAS

DE L'INFLUENCE

DE LA

DIGESTION GASTRIQUE

SUR L'ACTIVITÉ FONCTIONNELLE

DU PANCRÉAS

I. — *Production du ferment pancréatique.*

Ayant été amené par mes expériences à considérer le pancréas comme l'organe supplémentaire de l'estomac pour la digestion des aliments azotés, il m'importait de savoir en quelles circonstances l'activité du pancréas s'abaisse ou s'élève, sous quelles influences, son énergie peut être augmentée ; car on conçoit facilement les cas où l'estomac, faisant plus ou moins défaut, le déploiement de l'activité pancréatique devient de plus en plus important pour conjurer le péril que courent la digestion et la restauration des forces.

Tel est le mobile qui m'a fait entrer, malgré les difficultés sans nombre, dans les études qui vont suivre, et qui ont trait tant aux oscillations de la formation du ferment pancréatique qu'aux causes qui les produisent.

Je ne sais si le public trouvera ces nouvelles expériences aussi décisives que les premières, le sujet est de plus en plus difficile, ardu à la recherche ; si un ensemble de circonstances m'ont donné le change, d'autres feront mieux ; si j'ai au contraire touché du doigt la vérité, je crois que la science, un jour, pourra en tirer quelque profit.

J'ai fait principalement usage du procédé de l'infusion.

Les caprices de l'écoulement du suc pancréatique observés par le procédé de la fistule, même dans les conditions les plus identiques, ne permettent de rien affirmer, de rien conclure.

Mais lorsque le procédé de l'infusion est employé, des conditions diverses font si constamment changer le ferment pancréatique, des conditions semblables le trouvent si constant, que, par son moyen, la recherche des variations de la sécrétion pancréatique, en ce qu'elle a de plus essentiel, le ferment est, au contraire, extrêmement facile.

On saisit la glande à des heures variées, l'eau de l'infusion dissout à coup sûr le ferment tel qu'il y est contenu ; et pour ne point voir des yeux l'*excrétion* du fluide pancréatique, comme par le procédé de la fistule, on a cet avantage de saisir sans trouble, sur le fait, dans la trame de la glande, l'*élaboration même* du ferment pancréatique et d'en contempler pour ainsi dire heure par heure et balance en main les progrès et la mesure. On estime l'activité totale du ferment par le poids d'aliments que celle-ci peut dissoudre et digérer.

II. — *Époque du maximum de formation du ferment pancréatique.*

En premier lieu, avant même que les usages du suc pancréatique fussent bien connus, on a dit que la sécrétion du pancréas était *plus abondante au milieu de la digestion.*

Malgré son apparente lucidité, on verra combien l'idée que représente cette expression est vague.

Les animaux auxquels on pratique l'opération de la fistule, suivant le procédé de Graaf modifié, permettent parfois de constater, comme nous l'avons dit, que l'écoulement du suc pancréatique par l'ouverture artificielle est faible au début de la digestion, s'accroît, en effet, au milieu et décroît à la fin, pour cesser pendant le jeûne ; mais c'est très rare, et cette rareté peut faire douter d'un état réellement habituel et physiologique. Au contraire, tout pancréas pris *au milieu* de la digestion et mis en infusion se montre riche « au maximum » de ferment pancréatique.

Cette infusion digère la quantité la plus élevée d'aliment, et accuse, par ce fait, que la formation et l'élaboration du principe digestif sont bien, à cette époque, à leur apogée.

Tout étant égal d'ailleurs, l'infusion du pancréas pris, au contraire, cinq heures avant ou après cette époque, est inerte, et ne se montre capable de dissoudre qu'une quantité insignifiante d'aliments azotés.

Telles sont, en somme, la différence et la mesure.

Ce fait est confirmé par le suivant : j'ai observé, dans mon premier mémoire, que si l'on porte directement dans le duodénum fermé aux deux extrémités des aliments pour qu'ils y soient digérés par le suc pancréatique, sans avoir passé par l'estomac, ils sont plus ou moins rapidement dissous dans cet intestin. Or l'époque à laquelle ils le sont plus vite *coïncide* précisément avec le moment où la digestion des autres aliments qu'on a, d'un autre côté, *préalablement* confiés à l'estomac, y est aussi très avancée.

De telle sorte que ces trois modes d'observation expérimentale se prêtent un mutuel appui ; en effet, soit qu'on examine les seuls *effets* du suc pancréatique dans le duodénum, l'*excrétion* du fluide par la canule, ou l'*élaboration* du ferment dans la trame glandulaire, le maximum de l'activité fonctionnelle se révèle toujours à l'observateur au milieu de la digestion.

Bien que je n'aie point formulé aussi nettement cette proposition dans mon premier mémoire de 1857, j'avais eu soin de recommander aux physiologistes de faire leurs expériences exactement, comme je les avais faites moi-même (1), et de ne pas oublier que la digestion duodénale est appelée à se développer, le suc pancréatique à intervenir, l'énergie du pancréas à se révéler le plus vivement au moment *où la digestion gastrique va finir* (2).

Quelques observateurs négligèrent cette condition en vérifiant mes expériences, et déclarèrent que le suc pancréatique n'avait nullement les propriétés digestives que je lui avais reconnues. Ils avaient, en effet, oublié de prendre le pancréas au moment où il est le plus actif, c'est-à-dire au milieu de la digestion, et justement l'avaient pris pendant le jeûne (3). En 1858, je me proposais un travail sur ce sujet, lorsque je lus que M. le professeur Meissner avait déjà réfuté mes contradicteurs, recommandé de prendre le pancréas lorsque la digestion est dans son plein, et confirmé largement l'influence digestive nouvelle que j'avais reconnue à cet organe (4).

Savoir toutefois que c'est à l'époque *de la pleine digestion* que le pancréas est le plus actif, n'est point une connaissance vraiment précise, comme on va voir.

Les uns pouvaient entendre par cette époque, soit celle où la digestion est *plus rapide*, soit celle où elle est *plus abondante*, ou

---

(1) Voy. *Sur une fonction peu connue du pancréas, la digestion des aliments azotés*, par L. Corvisart, p. 3, Paris, V. Masson.

(2) Voulant d'abord faire connaître le fait principal de la digestion du pancréas sur les aliments azotés, je n'avais point pour but de démontrer ce dernier point, que je prévoyais devoir développer plus tard.

Je disais toutefois : « Comme, dans l'état physiologique, la digestion duodénale se fait pendant que la digestion gastrique *s'achève*, il est bon de mettre quelques aliments dans l'estomac en même temps qu'on fait une expérience dans le duodénum. » C'était la cinquième des recommandations expérimentales que je faisais. (*Sur une fonction peu connue du pancréas*, p. 10.)

(3) MM. Keferstein et Halwachs. (Voy. ma réponse : *Smidt's Jahrbücher*, 1859, vol. CII, p. 244; *The Lancet*, juin ; *Union médicale*, 1859, t. III, p. 149.)

(4) *Zeitschrift f. rat. Med.* de Henle et Pfeuffer, 1859, Dritte Reihe, Bd. VIII.

bien celle où les aliments sont complétement digérés, époque plus reculée encore de deux à quatre heures ; d'autres, par cette plénitude, par ce milieu de la digestion, pouvaient comprendre le milieu de la digestion gastrique seule, et d'autres enfin la plénitude de la digestion gastro-intestinale tout entière, ce qui comporte une variation nouvelle de trois ou quatre heures.

C'était une grande confusion.

A ceux qui recherchaient l'action nouvellement mise en lumière, il importait de désigner une époque plus précise, afin de prévenir de nouveaux égarements.

Dans ma réponse à MM. K. et H., je formulai cette loi, qui résultait de mes expériences : « Si l'on donne un repas mixte et » abondant (1) à un chien jeune et bien portant, si l'on sacrifie » l'animal à la *cinquième ou sixième heure de ce repas*, et qu'on en-» lève aussitôt le pancréas, l'infusion de la glande fournira le maxi-» mum de l'activité digestive. »

Cette loi pouvait suffire à empêcher toute erreur du genre de celle de mes contradicteurs, et conduire à coup sûr à reconnaître au pancréas l'énergique activité dont il jouit.

Mais j'avais résolu de pousser plus avant, dans le but que j'ai signalé, l'étude des variations que l'activité fonctionnelle du pancréas peut subir sous ces causes.

Dans l'attente d'un mémoire analogue sur ces variations, annoncé par M. Meissner dans une lettre qu'il me fit l'honneur de m'écrire (1859), j'attendis pour publier mes observations.

Ce travail ne paraissant point, je me décide à faire connaître les résultats auxquels je suis parvenu, heureux s'ils concordent, comme les précédents, avec ceux de mon savant confrère.

Étant connue, *grosso modo*, l'époque du maximum de formation du ferment pancréatique, je m'occupai d'abord du jeûne.

III. — *Heure du minimum de formation du ferment pancréatique.*

Dans cette recherche, je remarquai, après un certain nombre d'expériences que j'avais eu tort d'englober bien des états différents de l'organisme sous une expression malheureusement unique, *l'état de jeûne*, et que c'était à cause de cette confusion que j'avais eu peine à m'expliquer certaines exceptions qui parfois venaient singulièrement m'embarrasser.

On sait que j'ai toujours vu l'activité maxima du pancréas coïn-

(1) On verra plus loin que ce terme même doit être mieux précisé, page 197, note 1.

cider avec l'époque à laquelle la digestion générale est dans son plein, *c'est-à-dire* quand la digestion gastrique est voisine de sa terminaison, entre la cinquième et la septième heure du repas.

Mais j'observai un second fait également positif, c'est que chez les animaux à pylore libre, après un repas fixe, donné à une heure fixe (nous nous expliquerons tout à l'heure sur ces trois points d'une grande importance), il arrivait que si, au lieu de venir de la cinquième à la septième heure, on venait à la neuvième, onzième, treizième heure (1), le pancréas était, d'une manière constante, sensiblement inerte, épuisé.

S'il ne l'était pas, cela était constamment lié à une circonstance, à savoir qu'il y avait encore des aliments dans l'estomac, ce qui arrivait soit parce que ceux-ci avaient été donnés ou trop copieusement ou à une heure trop rapprochée du précédent repas, ou bien quand le pylore, fermé par une ligature, mettait un obstacle à leur sortie.

Cette exception et ses causes reconnues dictèrent désormais ma conduite.

D'une part je voyais que la *prolongation du séjour des aliments digérés dans l'estomac* empêchait le pancréas de devenir inerte de la neuvième à la treizième heure ; de l'autre j'avais acquis l'assurance de pouvoir amener le pancréas à l'inertie à une heure déterminée en l'épuisant par une digestion uniforme et non prolongée, c'est-à-dire par un repas aussi déterminé. Dès lors je résolus de ne plus partir que « d'un point fixe », cette inertie. Ainsi fut mis en pratique ce que j'appelle *le repas préparatoire* qui amenait l'estomac à l'état du *jeûne simple*.

Ce repas préparatoire fut composé pour des animaux de 12 à 14 kilogrammes, de 100 grammes, ou *mieux encore de 30 grammes* seulement de bœuf bouilli, découpé en quatre ou cinq morceaux (2), constamment donné avant chaque repas expérimental.

Ce jeûne, qui est à vrai dire plutôt le jeûne de l'estomac que celui de l'économie, jeûne simple, est celui pendant lequel le pancréas devient et reste au minimum de richesse en ferment (neuvième à treizième heure du repas).

Mais bientôt, si le jeûne se continue plus longtemps, paraît un nouvel état, celui du *jeûne prolongé* ; le pancréas, pendant ce dernier, n'acquiert plus cette grande activité, cette formation abon-

---

(1) Ces chiffres sont plus rigoureux que ceux donnés dans un précédent mémoire, où je donnais la neuvième heure précise.

(2) On peut en général y ajouter 10 grammes de pain et 20 grammes de bouillon clair. On varie proportionnellement pour les poids intermédiaires. Il ne faut jamais donner de boisson ni après le repas préparatoire, ni après l'expérimental, ni entre les deux.

dante de ferment qui caractérise la fin de la digestion gastrique et fait qu'à la sixième heure du repas l'infusion du pancréas peut digérer jusqu'à 50 et 60 grammes d'albumine, mais ce n'est pas non plus l'inertie qui existe aux dixième, douzième heures du repas, et caractérise le jeûne simple.

Durant ce *jeûne prolongé*, peu à peu le pancréas refait un peu de ferment, et si l'on vient plus tard que la douzième ou quatorzième heure, c'est-à-dire à la dix-huitième, vingtième, trentième ou à une époque plus reculée, quoique l'estomac soit toujours vide, on trouve des pancréas devenus capables de digérer 8, 10 ou 15 grammes d'albumine.

Ceux qui me font l'honneur de lire mes travaux se rappelleront peut-être que j'ai signalé, il y a quatre ans, un effet semblable, qui se passe pour l'estomac (1). En effet, j'ai vu que cet organe devient pauvre en principe actif (pepsine), lorsque les animaux, au lieu de prendre leurs repas réguliers, sont soumis au jeûne prolongé.

Se nourrissant alors, au lieu d'aliments étrangers, par un mécanisme encore inconnu, de leur propre substance, pour soutenir, autant que possible, le jeu ou l'aptitude fonctionnelle des principaux organes, il se forme chaque jour, dans ces circonstances, une minime quantité de pepsine, laquelle s'accumule surtout si les animaux ne boivent point, de telle sorte que, à l'époque de la mort par abstinence, l'estomac se trouve plus riche en pepsine qu'au début ou au milieu du jeûne fatal.

Ce phénomène montre à la fois la résistance qu'une telle ressource peut présenter à la mort par abstinence lorsque les aliments viennent à être restitués, puisqu'une certaine quantité de ceux-ci peut être ainsi digérée par la réserve de ferment, et les indigestions graves et mortelles qui peuvent au contraire arriver si la quantité d'aliments ingérés dépasse les débiles forces maintenues dans les organes digestifs; il montre aussi que la nutrition sait encore extraire du sang non renouvelé par la digestion quelques matériaux (2) susceptibles de favoriser la formation d'une faible ma i réelle quantité de ferment pancréatique; enfin, que si d'un côté une bonne digestion, un bon repas disposent largement le pancréas à augmenter l'énergie de son utile fonction, l'abstinence prolongée ne laisse point cet organe dans une telle inactivité que,

(1) Voy. Longet, *Traité de physiologie*, t. I, p. 185, 1857.
(2) A presque toute époque, le sang contient des substances qui ressemblent beaucoup aux peptones et qui sont comprises sous le nom générique peu précis de *matières extractives;* mais, en l'absence de la nourriture, par quel mécanisme les substances albuminoïdes du corps les forment-elles?

au moment de la rupture de l'abstinence, cet organe soit absolument désarmé.

En résumé donc nous avons observé trois choses :

Pendant l'abstinence (jeûne prolongé) une *faible* quantité de ferment pancréatique se forme réellement ;

A la fin (sixième ou septième heure) d'un repas et d'une digestion gastrique copieux, la quantité du suc pancréatique devient *extrême ;*

De la neuvième à la treizième heure d'un faible repas, quand l'estomac vient de se vider, de se mettre en état de jeûne simple, la faible quantité de ferment disparaît elle-même, le pancréas devient inerte, est au minimum de ferment.

IV. — *Variation de l'heure du maximum de formation du ferment pancréatique ; coïncidence de cette variation.*

Lorsque les animaux ont été convenablement disposés par le repas préparatoire, c'est-à-dire amenés à l'inertie du pancréas, si l'on vient à leur donner, au repas expérimental, des aliments de nature variable, on découvre que l'énergie de cette glande et sa richesse en ferment actif subissent des influences différentes.

Lorsque l'on donne une nourriture exclusivement solide, viande, albumine concrète, l'heure d'énergie maxima du pancréas n'a lieu en général que vers la huitième heure du repas au lieu de la sixième. Cette heure de maximum coïncide avec le moment où ces aliments se trouvent en bouillie dans l'estomac, presque entièrement dissous, et on peut remarquer, quelle que soit la cause du retard, que, plus l'estomac montre les aliments tardivement digérés dans sa cavité, plus aussi l'époque de l'énergie maxima du pancréas se trouve retardée ; celle-ci peut ainsi reculer jusqu'à la neuvième heure du repas.

Cette corrélation est fixe à tel point que si, dans mes expériences, par une cause quelconque, les aliments ne se dissolvaient pas, et restaient solides dans l'estomac, le pancréas restait définitivement inactif.

Lorsque l'estomac est libre, que l'animal n'a subi aucune espèce d'opération, le retard de la production pancréatique causé par la lenteur elle-même de la digestion gastrique, indépendamment de la nature des aliments, est rare. Il est commun, au contraire, chez les animaux récemment captifs, désorientés, inquiets, maltraités ; leur pancréas, pris à une heure avancée qui, dans une autre circonstance, aurait été convenable, révèle alors une inactivité plus ou moins grande, causée par la lenteur de la digestion gastrique ; dans ces cas, l'examen du contenu dans l'estomac fait aussitôt re-

monter de l'effet à la cause, et voir combien l'élaboration du ferment pancréatique est tributaire de la digestion gastrique, combien
celle-ci est tributaire de l'état normal.

En clinique, il est des relations semblables de cause à effet, par
lesquelles l'estomac, dans les maladies, devenant impuissant à
digérer, rend le pancréas lui-même inhabile à suppléer l'estomac ;
mais en clinique on ne peut remonter *de visu* de cet effet à la cause,
avantage que nous présentent heureusement l'expérimentation et
l'observation physiologiques.

La crainte peut arrêter la digestion gastrique. Aussi, la douceur
envers les animaux, qui est un devoir même dans les sacrifices à
la science, est également un calcul nécessaire de bonne expérimentation. Je conservais donc toujours les animaux au laboratoire
pendant deux jours entiers ; ils se tranquillisaient, s'habituaient,
leur digestion gastrique ne se ralentissait plus, et ce laps de temps
écoulé, je n'agissais sur eux que si leur vivacité, leur appétit, leur
confiance m'assuraient contre tout sacrifice inutile.

Les remèdes aux dyspepsies dues aux causes morales analo-
gues à celles que nous voyions dans les expériences précédentes
ont d'ailleurs été bien saisis avant ces études par le bon sens vul-
gaire dont les bons et tendres soins rivalisent en effet avec les plus
énergiques médicaments.

Ce qui rend les études sur la digestion si nécessaires, si inté-
ressantes et si difficiles, c'est que tout influe sur elle ; celle-ci est
comme un centre commun, tout y va.

On ne sera donc point étonné si à ceux qui voudront répéter
mes expériences, je recommande absolument de le faire en plein
hiver ; à cette époque ils auront la régularité physiologique assurée.
Mais au printemps, en été, en automne, des troubles gastriques,
pancréatiques, intestinaux, naissent par le seul fait de la saison.
Ces irrégularités, inattendues chez les animaux en expérience,
peuvent, en ces saisons, embarrasser et décourager l'expérimentation. J'ai observé d'une manière positive ces très fréquentes
influences saisonnières, qui rappellent les dyspepsies que les saisons amènent aussi chez l'homme.

A côté de ce petit tableau, qui rapproche tant la digestion de
l'homme et de l'animal que nous expérimentons de préférence, je
rappellerai que quand je faisais une étude spéciale de la digestion
de l'estomac, je voyais constamment les dermatoses *canines* suivre
la fatigue gastrique que mes expériences réitérées amenaient nécessairement chez les animaux fistulés. Qui ne connaît aussi chez
l'homme l'influence de l'état de l'estomac sur celui de la peau ?

Si nous avons vu la lenteur de la digestion gastrique, qu'elle vienne de la faiblesse de l'estomac ou de la résistance des aliments, retarder et affaiblir d'autant la formation du ferment actif, la fonction sécrétoire du pancréas en ce qu'elle a de plus essentiel, l'inverse ne devra point étonner.

C'est ainsi que plus vite les aliments, par leur consistance molle, leur division, leur imbibition préalables, subissent la dissolution digestive, plus vite aussi le pancréas se charge au maximum du ferment actif. La production abondante du ferment pancréatique, telle que le jeu habituel des fonctions la nécessite, est donc SUBORDONNÉE COMME UN EFFET A SA CAUSE (1), A L'ACCOMPLISSEMENT ET AUX VARIATIONS DE LA DIGESTION ELLE-MÊME.

Mais ici la science a de nouvelles et légitimes exigences.

Ce mot digestion comprend un tel concours de faits physiologiques qu'il faudrait, pour se payer avec lui, une irréflexion bien grande, et dire que la sécrétion pancréatique dépend de la digestion, est, à proprement parler, dire peu de chose.

Ainsi, suivant nos connaissances actuelles, la digestion comprend : 1° l'arrivée dans l'estomac des aliments ; 2° l'impression que les parois de celui-ci en reçoivent ; 3° la sécrétion qui suit cette dernière ; 4° le retentissement (action sympathique, réflexe) que ce contact ou cette sécrétion peut opérer sur divers organes, parmi lesquels le pancréas ; 5° la dissolution des aliments ; 6° leur transformation digestive s'il y a lieu ; 7° l'absorption des peptones ainsi produites ; 8° l'arrivée des aliments digérés dans l'intestin; 9° ou celle des aliments non digérés ; 10° la sécrétion biliaire, intestinale qui la suit; 11° le retentissement que ce contact avec l'intestin ou cette sécrétion peut opérer ; 12° la dissolution digestive intestinale des aliments; 13° leur absorption dans l'intestin. Tous phénomènes extrêmement distincts.

Parmi tout ce cortége de faits qui se résument en un mot, « la digestion », quelles sont donc les causes réelles, efficientes, de la formation du ferment pancréatique ?

Nous ne désespérons point de résoudre la question.

Nous allons examiner tous les cas.

V. — *Les actions nerveuses sympathiques, parties de l'estomac ou du duodénum et provoquées par la présence seule des aliments, ne sont pas la cause principale.*

Tout d'abord il serait plausible de croire que l'estomac, au contact des aliments qui arrivent dans sa cavité, provoque une

---

(1) *Cause* est pris ici dans le sens de *cause générale.*

excitation particulière du pancréas, d'où résulterait la formation du ferment. Le rôle capital serait une impression réflexe ou sympathique née dans l'estomac, et transportée, par les voies nerveuses, au pancréas.

Or, le propre des actions nerveuses sympathiques et autres est de déployer toute leur activité *au début*, puis de s'affaiblir, en raison de la durée de l'excitation initiale, pour s'épuiser à la fin.

On devrait donc s'attendre à voir les aliments à leur arrivée dans l'estomac exciter tout d'abord vivement par leur rude contact la formation du ferment pancréatique, et cesser peu à peu de produire cet effet à mesure de la prolongation de leur séjour et des progrès de leur dissolution.

Or, nos expériences nous ont montré, au contraire, que, au début du contact des aliments avec l'estomac, le pancréas *reste* insensible ou du moins ne montre pas à cette époque le maximum de la formation du ferment; c'est ainsi que, pendant les deux à quatre premières heures que les aliments résistent à la dissolution digestive, l'inertie du pancréas change peu, elle persiste jusqu'à huit, dix, douze heures, si la digestion gastrique est difficile; enfin elle persiste indéfiniment, si les aliments continuent à rester solides, indigérés.

Si c'est une excitation nerveuse réflexe qui détermine l'activité du pancréas, elle ne paraît guère naître de l'estomac.

Mais on pouvait supposer qu'elle part du duodénum et naît seulement plus loin et *plus tard*, quand les aliments déjà dissous, au moins en partie, quittent l'estomac pour arriver au contact de la muqueuse duodénale et l'excitent.

On pourrait même expliquer la tardive formation maxima du ferment pancréatique (sixième, septième heure du repas) par la nécessité de l'excitation tardive du duodénum.

Dans le but de résoudre cette question, nous avons lié le pylore chez des animaux à jeun depuis douze heures, nous avons injecté *dans le duodénum* (laissé d'ailleurs libre par sa partie inférieure) des aliments venus du dehors et non encore digérés, afin d'exciter le duodénum par ces derniers.

Or, les pancréas restèrent immobiles. Pris à la première, deuxième, quatrième heure de cette expérience, ils ne fournirent que des infusions inertes sans ferment actif; l'excitation duodénale avait été totalement sans effet.

Le duodénum, dans ces expériences, communiquait avec le jéjunum et l'iléon; on aurait pu objecter que peut-être les aliments, libres de passer dans ces derniers, n'avaient point assez longtemps provoqué la sensibilité de la muqueuse duodénale. En conséquence (l'estomac étant toujours vide), nous avons encore injecté les aliments dans le duodénum, mais nous avons lié celui-ci aux deux bouts, afin que l'excitation produite sur lui par les aliments fût maintenue forcément en permanence. Dans cette nouvelle condition, les pancréas pris à la deuxième, quatrième, huitième heure, restèrent également inertes.

Ce n'est donc point par le pur contact des aliments à l'état solide, soit dans l'estomac, soit dans le duodénum ou le reste de l'intestin que le pancréas entre à la sixième heure en maximum de formation sécrétoire, et nous devons chercher la cause de cette production ailleurs que dans les actions réflexes nées dans ces organes par *ce contact*.

Notons ici que nous parlons de l'acte de formation sécrétoire, de la création du ferment et non de l'acte d'excrétion.

VI. — *Ce n'est pas dans le passage de l'état solide à un simple état liquide des aliments que réside la cause productrice du ferment.*

Si l'abondante formation du ferment pancréatique se maintient silencieuse tant que les aliments restent solides dans l'estomac ou séjournent dans l'intestin, tandis qu'elle s'exerce, au contraire, tout aussitôt qu'ils ont passé par digestion à l'état liquide, il y a une nouvelle question à poser.

Est-ce l'état liquide, à l'exclusion de l'état solide, qui, pour les aliments, est capable d'exercer efficacement ces excitations nerveuses supposées ?

Nous devons encore répondre non ; car, ayant injecté à des animaux (dont le repas préparatoire avait purgé le pancréas de tout ferment préalable), le liquide par excellence, l'eau en quantités variées, soit dans l'estomac libre ou fermé par des ligatures, soit dans le duodénum également libre ou fermé, cette injection ne fut jamais capable de provoquer la moindre production nouvelle de ferment pancréatique.

On peut bien objecter que, pour que le ferment naisse, se développe sous l'influence des excitations réflexes, il faut de la lenteur, du temps, beaucoup de temps, et que l'absence de ferment ne prouve point en conséquence l'absence de l'efficacité des seules actions réflexes.

Nous avons déjà remarqué comment ce qui est lent, la nutrition, peut exister, par exemple, dans l'embryon, sans actions réflexes ; comment le cachet habituel des actions nerveuses est d'agir très spécialement sur des phénomènes de sensibilité et de mouvement, phénomènes susceptibles, au contraire, *de se développer très rapidement*, comme de s'épuiser avec promptitude.

Mais venons à l'expérience, j'injectai dans les voies digestives des quantités d'eau variées; je les augmentai au point de donner en une fois 300 grammes de ce liquide à des animaux de 10 kilog.; de cette façon, le contact se prolongeait en raison de la plus grande durée nécessaire à l'absorption, ce contact atteignait les quatre heures après lesquelles, dans le repas ordinaire, le ferment pancréatique, commence à approcher du maximum de son abondance. J'eus même des cas où, l'estomac étant lié, ce contact de l'eau existait encore sept, huit, neuf heures après l'injection, au moment du sacrifice, et cependant le pancréas restait toujours absolument inerte.

On verra plus loin qu'une foule de substances injectées en dissolution dans l'eau ne changent point l'impuissance de celle-ci et ne peuvent provoquer la formation du ferment pancréatique par les actions réflexes supposées; l'excitation causée par cet état liquide est donc encore à négliger.

Toutefois nous savons que le passage des aliments de l'état solide à état liquide dans l'estomac ou dans le duodénum n'est point le fait d'une simple dissolution aqueuse.

En premier lieu, cette liquéfaction s'accomplit par le suc gastrique ou par les sucs versés dans l'intestin; en second lieu, elle est accompagnée d'une transformation des aliments.

Quel peut être de ces deux termes, sécrétion et présence des sucs dans les organes digestifs ou transformation des aliments par eux, celui qui provoque le pancréas à façonner son ferment?

VII. — *Ce n'est point la simple présence ou sécrétion des sucs dans l'estomac ou les intestins qui amène cet effet.*

Après avoir assuré l'état d'appauvrissement primordial du pancréas par le repas préparatoire habituel, j'ai mis dans l'estomac ou dans le duodénum des corps étrangers, des cailloux, etc., capables d'exciter une certaine sécrétion gastrique. Celle-ci eut lieu, mais le pancréas resta dans son état de pauvreté.

Par des séries d'expériences plus difficiles, je suis arrivé au même résultat.

C'est ainsi qu'après les douze heures du repas préparatoire qui, ayant épuisé le pancréas, le rendait incapable de verser le ferment véritable dans le duodénum, j'ai ingéré dans ce dernier (l'estomac ayant été conservé vide) des aliments solides; les sécrétions biliaires et intestinales eurent lieu, parfois même celles-ci furent capables de dissoudre une certaine quantité de ces aliments; mais le sacrifice cinq, huit, dix heures après, et l'essai immédiat du pancréas montraient toujours la même pauvreté de ce dernier en ferment.

Dans d'autres cas, au contraire, afin que le pancréas, malgré l'état de vacuité de l'estomac que je conservais soigneusement, eût une réserve de ferment susceptible de s'écouler dans le duodénum, j'évitais de donner le repas préparatoire, et j'injectai ainsi à des animaux, dont l'estomac était à jeun depuis vingt-quatre et trente-six heures, des aliments dans le duodénum fermé. Le suc pancréatique de réserve (1) s'écoulait, il pouvait dissoudre ces aliments ; et cependant cette sécrétion ne provoquait nullement une formation nouvelle, abondante, de ferment pancréatique.

De telle sorte que toutes ces expériences montrent que les sucs digestifs supérieurs, salive. suc gastrique, biliaire, intestinal, pancréatique, leur sécrétion ni leur séjour dans les cavités digestives, ne sont susceptibles de provoquer par eux-mêmes la formation du ferment pancréatique.

Et comme les seuls aliments ne possèdent également aucune action 1° ni par eux-mêmes, 2° ni par leur état de liquéfaction, 3° ni par l'irritation sympathique que leur contact est susceptible de faire naître dans l'estomac ou dans l'intestin et porter au pancréas, nous arrivons à cette conclusion que ni les aliments ni les sécrétions isolés, ni les excitations que les premiers ou les secondes peuvent provoquer, ne sont les agents qui déterminent l'abondante formation du ferment pancréatique.

VIII. *Est-ce la transformation digestive elle-même des aliments ingérés qui est la cause de la formation du ferment?*

Mais de ce que les aliments n'ont, par eux-mêmes, aucune action sur la formation du ferment pancréatique, nous n'en avons pas conclu qu'ils fussent inutiles ; de ce que, par elles-mêmes, les sécrétions gastro-intestinales n'ont pas non plus dans cette formation un rôle direct, il serait aussi prématuré de conclure à l'inutilité de ces sécrétions.

Du conflit des sécrétions digestives avec les aliments ingérés résulte, en effet, un grand fait, la *transformation digestive* de ceux-ci par celles-là.

Or, on peut se rappeler précisément que pour l'accomplissement

---

(1) On prend un animal à jeun de solide et de liquide depuis trente heures ; on injecte dans son duodénum, qu'on ferme aux deux bouts par une ligature, des aliments solides : viande, albumine en poids connu. Dix heures après on le sacrifie ; souvent on constate que par la réserve du suc pancréatique versée dans l'intestin, et formée pendant le jeûne prolongé, 10 grammes et quelquefois 20 grammes d'aliments se sont digérés : alors, si l'on infuse le pancréas, on constate qu'il a été rendu inerte.

de l'acte élaborateur d'où résulte la formation du ferment pancréatique, quelque chose s'est d'une manière constante révélée comme absolument nécessaire : c'est le résultat de ce conflit, c'est-à-dire la dissolution digestive des aliments.

Cette transformation digestive des aliments se montre donc comme l'une des causes primordiales de la formation abondante du ferment pancréatique. Mais est-il indifférent que cette transformation digestive soit opérée dans l'intestin ou dans l'estomac ?

IX. *Ce n'est pas la transformation digestive intestinale qui provoque la formation sécrétoire du ferment pancréatique.*

Pour nous fixer sur le premier point, à savoir si la digestion intestinale des aliments a quelque pouvoir sur la formation du ferment pancréatique, nous avons fait plusieurs sortes d'expériences qui se corroborent l'une à l'autre.

Étant connue la quantité d'aliments que le pancréas infusé peut dissoudre à la suite de la seule digestion gastrique, à l'exclusion de l'intestinale, nous avons mis dans le duodénum fermé aux deux bouts et dans l'estomac également fermé une double quantité d'aliments, l'une dans l'estomac, *l'autre dans le duodénum ;* l'animal avait été pris à la vingt-quatrième heure du jeûne et avait par conséquent une réserve de suc pancréatique à la disposition de la digestion intestinale. Ayant sacrifié l'animal huit heures après, nous vîmes que, en même temps que la digestion gastrique avait été accomplie, les aliments avaient *aussi* été en majeure partie non-seulement dissous, mais absorbés dans le duodénum.

La digestion ayant été doublée, si l'intestinale avait le même pouvoir que la gastrique, nous eussions dû vraisemblablement trouver le pancréas enrichi par le fait de la digestion intestinale ajoutée. Or, dans ce cas, le pancréas ne nous montra point une énergie sensiblement plus grande que si les aliments confiés à l'estomac eussent été seuls digérés.

La digestion duodénale n'avait point accru la richesse du ferment pancréatique (1).

Le résultat de cette première série d'expériences acquis, nous en avons fait une seconde ; dans celle-ci, l'estomac resta tout à fait vide et par conséquent incapable de contribuer à la formation du ferment :

Chez ces animaux (pris à la vingt-quatrième heure du jeûne, afin d'avoir, malgré l'estomac vide, une réserve de suc pancréatique

(1) Le contraire sembla plutôt exister, sans doute à cause de l'*excrétion*, de la perte de suc pancréatique provoquée par la présence des aliments à digérer dans le duodénum.

pour la digestion du duodénum), nous avons injecté dans ce dernier organe fermé aux deux bouts 150, 200 grammes de bouillon.

Après deux, quatre, six heures, le bouillon se trouva digéré, absorbé même en totalité ; mais le pancréas était resté inerte, *tant les aliments digérés par l'intestin sont impuissants* à provoquer la formation du ferment pancréatique.

Mais une objection peut être faite : il n'est point étonnant, pouvait-on dire, que le pancréas, malgré cette digestion intestinale, ne se soit pas enrichi de ferment, puisque l'excrétion de ce dernier était sans cesse provoquée en vertu de l'excitation produite sur les canaux pancréatiques excréteurs par les aliments en contact avec le duodénum ; le pancréas avait beau s'enrichir, rien ne dit qu'il ne s'épuisait pas aussitôt par cette excrétion.

Voici comment nous avons tourné la difficulté :

Afin que le duodénum n'eût rien à faire et que les canaux pancréatiques restassent incontaminés, d'un côté nous avons pris des aliments déjà digérés *à l'aide d'un autre animal*, soit par le suc pancréatique recueilli par la fistule, soit par les sucs mixtes du duodénum, et de l'autre c'est au-dessous du duodénum fermé à sa partie inférieure, *dans le jejunum* d'un nouvel animal en expérience, que nous avons porté ces parfaites et abondantes peptones intestinales.

Or, malgré la présence et l'absorption de cette digestion exclusivement intestinale, le pancréas, examinée à la troisième, cinquième, septième heure, fut trouvé constamment inerte.

Ainsi, dans ce nouveau cas, le fait de la transformation digestive *intestinale* n'avait encore produit aucun effet, pas plus que l'absorption de ces peptones fournies par l'intestin.

De telle sorte que, après ces expériences multipliées, il ne peut rester un doute à savoir que la digestion que les aliments subissent dans l'intestin, et la production des seules peptones intestinales est absolument impuissante à provoquer la formation du ferment pancréatique, soit par action réflexe, soit tout autrement.

Il en est tout différemment de la digestion gastrique des aliments.

X. *La formation, l'élaboration maxima du ferment pancréatique sont sous la dépendance directe de la formation des peptones gastriques.*

Autant nous avons vu la digestion dans l'intestin, c'est-à-dire la formation des peptones intestinales inhabile à provoquer la formation abondante du ferment pancréatique, autant les peptones gastriques sont puissantes pour cet objet.

Après les expériences d'exclusion qui ont été relatées dans les cinq derniers chapitres, toutes celles qui ont été exposées dans les précédents mémoires convergent à une même démonstration :

La digestion gastrique, en effet, avec ou sans ligature du pylore, avec *ou sans digestion intestinale aucune*, provoque constamment et par elle-même la formation abondante et maxima de ferment pancréatique dès la sixième heure du repas.

C'est ainsi que, dans toutes les expériences que nous avons rapportées ou que nous avons faites :

« Du moment que les aliments qui ont été confiés à l'estomac
» y parviennent à l'état de dissolution digestive avancée, que les
» peptones gastriques ont pu se former en abondance, le pancréas,
» examiné à la septième heure du repas, se trouve richement
» chargé de ferment pancréatique. »

Soit que les animaux, n'ayant subi aucune opération, aient été laissés absolument à l'état normal, et que les aliments, après avoir subi la digestion gastrique, aient été libres de franchir le pylore pour passer dans le duodénum et d'y subir la digestion intestinale ;

Soit que les aliments ayant été mis et dans l'estomac et dans le duodénum, une ligature appliquée par une opération au pylore ait contraint les deux digestions à se faire séparément, sans communication aucune ;

Soit que, le pylore étant encore lié (1), les aliments n'aient été mis que dans l'estomac, et que la digestion gastrique *seule* fût appelée à s'effectuer à l'exclusion de la digestion intestinale ;

Dès que la première condition, la digestion gastrique, s'est accomplie, et malgré les variations de *toutes* les autres conditions, un fait, la richesse du pancréas en ferment en est résultée constamment ; fait que ni les excitations sympathiques pures nées de l'estomac et de l'intestin, ni la liquéfaction, ni la digestion ni l'absorption intestinales des aliments n'avaient été capables d'accomplir.

Sans peptones gastriques, au contraire, tout ce qui précède est inutile ; point (2) de production de ferment pancréatique.

Cette progressive série d'expériences que nous avons faites est facile à répéter.

---

(1) Dans tous les cas où le pylore est lié, il faut lier l'œsophage et s'assurer ensuite que la digestion gastrique s'est néanmoins effectuée.

(2) Ce mot n'est pas absolu ; si, au lieu de digérer 50 grammes d'albumine, le pancréas en digère quelques grammes, je dis qu'il est inerte. Cette expression est toujours relative : *point* veut dire ici *extrêmement peu*. Il ne faut pas oublier que si, au milieu de la digestion et sous les influences puissantes que nous décrivons, le pancréas se charge à l'extrême de ferment pancréatique, en l'absence des peptones gastriques immédiatement fournies par le repas, il s'en forme toujours un peu pendant le jeûne prolongé. A vrai dire, pour moi il existe *toujours* du ferment dans le pancréas dès sa formation (voy. page 161 et page 162, note 2) ; mais la quantité en varie extrêmement suivant les conditions que nous avons examinées.

Mais nous ne pouvons nous arrêter à cette seule solution, car du moment que les peptones gastriques sont dans l'estomac, elles sont absorbées. La formation abondante du ferment pancréatique s'effectue-t-elle, en vertu de la seule formation préalable des peptones gastriques ; ou ces dernières, impuissantes par elles seules, ne deviendraient elles efficaces que par l'absorption qu'elles peuvent subir : 1° soit dans l'estomac ; 2° soit dans l'inestin ? C'est ce que nous allons examiner.

XI. *L'absorption intestinale des peptones gastriques n'est pas ce qui provoque l'élaboration sécrétoire abondante du ferment pancréatique.*

En l'absence de digestion gastrique, on a vu pages 190, 191, comment les peptones intestinales, absorbées soit dans le duodénum, soit au-dessous de lui, étaient absolument impuissantes à provoquer l'acte de FORMATION sécrétoire du pancréas.

Relativement aux peptones fournies par l'estomac, deux sortes d'expériences bien différentes que j'ai faites prouvent d'une manière évidente l'inutilité de leur absorption intestinale pour la formation du ferment pancréatique. Voici la première :

1° Un animal reçut un repas copieux de viande. Au commencement de la cinquième heure, ce repas lui fut soustrait ; la viande se trouvait presque entièrement digérée, méconnaissable ; le chyme était épais, chargé de peptones gastriques. Alors un autre animal à jeun (1), à estomac vide, reçut par injection, dans le jéjunum, toute cette digestion gastrique. Une ligature empêchait le reflux vers l'estomac. Sacrifice fait quatre heures après, « le jéjunum avait absorbé toutes ces peptones gastriques ». Or, malgré cette énorme absorption par l'intestin, le pancréas était resté absolument inerte.

Donc l'absorption par l'intestin seul, même de peptones gastriques, est sans effet pour la formation pancréatique.

2° La seconde expérience, en supprimant l'absorption intestinale, en montre encore mieux l'inutilité. Liez, en effet, hermétiquement le pylore, injectez des aliments dans l'estomac, fermez l'œsophage (2). Le duodénum vide, sans communication avec l'estomac, ne peut dès lors recevoir ou absorber ni une parcelle d'ali-

(1) L'examen préalable du contenu de l'estomac à l'aide d'une sonde au commencement de l'expérience, et par l'autopsie à la fin de celle-ci, est toujours indispensable. Souvent, en effet, au début, l'animal peut n'être pas aussi à jeun qu'on eût pu le croire.

(2) Cette double ligature arrête souvent la digestion gastrique ; il faut toujours examiner l'estomac préalablement à toute conclusion.

ment ni de chyme gastrique, pas même une bulle de gaz. Or, attendez sept à huit heures, ouvrez l'animal, *si la digestion gastrique s'est opérée* (1), cela suffit, vous trouverez le pancréas chargé à l'extrême de ferment pancréatique, èt capable parfois, pour un animal de 12 kilos, de digérer jusqu'à 60 grammes d'albumine. Tout s'est fait sans l'absorption d'aucune espèce de peptones par l'intestin.

L'inutilité de cette absorption par l'intestin peut-elle être plus évidemment démontrée ?

Reste à examiner l'absorption par l'estomac.

XII. *Les peptones gastriques ne sont propres à développer la formation du ferment pancréatique qu'après avoir été absorbées par l'estomac même.*

D'abord nous devons proclamer très haut que nos expériences nous ont conduit de la manière la plus formelle à reconnaître à l'estomac, quoi qu'on ait pu dire, une force absorbante considérable.

Le pylore étant absolument fermé par la plus stricte ligature, nous avons injecté dans l'estomac, par une sonde, des quantités déterminées de bouillon ; l'œsophage était aussitôt ligaturé.

Après un temps variable entre Jemi-heure et six heures, nous enlevions l'estomac ; son contenu, qui n'avait pu échapper par aucune ouverture, avait dans ces cas diminué largement de volume ; c'est ainsi que 100 ou 150 centilitres de bouillon pouvaient avoir disparu en deux ou trois heures (2).

Ce fait avait eu lieu par une seule voie possible, l'absorption gastrique.

Mais ce qu'il importe de dire, c'est que, dans ces conditions d'absorption et sous l'influence du bouillon digéré dont nous venons de parler, le pancréas devenait actif, riche en ferment.

Quelle part avait ici la digestion, quelle part l'absorption ?

Si l'on pouvait supprimer l'absorption gastrique sans arrêter la digestion gastrique, on pourrait faire la part exacte qui revient dans la production du ferment pancréatique, à chacun de ces phénomènes indépendamment de l'autre, la part de la transforma-

(1) Je le répète, la première chose est, dans *toutes les expériences* où l'on fait la double ligature, d'examiner si la digestion gastrique s'est faite ; si dans l'estomac le chyme est liquide, parfait.

(2) Comme nous connaissions le poids des matériaux solides que la quantité de bouillon injectée contenait avant l'expérience ; après celle-ci, en lavant l'estomac et desséchant tout son contenu, nous constations, en outre, balance en main, la quantité de matériaux solides qui avait été enlevée par absorption.

tion seule des aliments indépendamment de l'absorption, la part de l'absorption des peptones seules indépendamment de leur production.

Mais l'absorption gastrique s'opère à mesure que la dissolution digestive des aliments azotés dans l'estomac s'est effectuée, de telle sorte que les deux phénomènes sont trop étroitement unis pour qu'on puisse les séparer absolument. Une autre voie nous offrit heureusement la solution du problème.

Nous savons, en effet, que l'absorption gastrique elle-même, par elle seule, est tout à fait impuissante à provoquer la formation du ferment pancréatique. C'est ainsi que, quelle que soit la quantité élevée d'eau pure ingérée et absorbée par l'estomac, le pancréas reste inactif.

Or, nous allons voir l'estomac capable de digestion donner lieu à une formation de ferment pancréatique d'autant plus grande qu'il aura *absorbé* une plus grande quantité de peptones (1).

Si l'on injecte, en effet, à deux animaux égaux deux volumes égaux de bouillon, *mais* de bouillon inégalement chargé de matériaux solides susceptibles de transformation digestive, la quantité de ferment pancréatique sera inégale.

Dans une expérience que je citerai, l'infusion du pancréas de l'un des animaux se montra capable de digérer 16 grammes seulement d'albumine. Les 200 grammes de bouillon ingéré ne contenaient que 10 grammes de matériaux solides.

L'autre animal, dont les 200 grammes de bouillon ingéré contenaient, au contraire, beaucoup de matériaux solides (25 gram.),

(1) Cette proportionnalité n'a lieu que jusqu'à un certain point. Si le peu de richesse du pancréas est toujours en rapport avec l'absorption et la formation d'une *faible* quantité de peptones, une croissante proportion de peptones absorbées ne m'a pas conduit dans mes expériences à constater un accroissement également proportionnel et indéfini du ferment pancréatique. Sous ce rapport, l'activité fonctionnelle du pancréas, examinée par l'infusion, est limitée. Quoique ce fait puisse faire soupçonner, et bien que je ne l'eusse pas prévu, au contraire, il est réel. Par une riche alimentation, digérée dans les meilleures conditions, je n'ai jamais vu le pancréas, saisi à l'heure la plus favorable, me donner une infusion capable de digérer plus de 60 gram. d'albumine (animaux de 12 à 15 kilogrammes).

Ce chiffre pouvait être atteint par les animaux auxquels je donnais le repas expérimental mixte réglementaire de 250 grammes. Il n'était guère dépassé par ceux auxquels je donnai jusqu'à 500 grammes d'aliments.

Toutefois la ligature du pylore, en retenant plus longtemps les aliments dans l'estomac, qui les transforme alors non plus en partie, mais en totalité, en peptones, amène le pancréas à se charger beaucoup plus et beaucoup plus longtemps de ferment pancréatique.

C'est ainsi que, chez un animal de 12 kilos (exp., p. 129), après avoir fait digérer 34 grammes d'albumine dans le duodénum, le pancréas infusé donna encore une digestion de 40 à 45 grammes d'albumine, soit 70 à 80 grammes en tout. Un chien de 22 kilos donna le chiffre total de 75 grammes (p. 11).

Comparez ces chiffres avec ceux fournis par le suc recueilli par les fistules, page 172, note 3.

fournit à la même époque, après absorption entière, un pancréas capable, au lieu de 16 grammes, de digérer 45 grammes d'albumine dans le même temps.

Ainsi, non-seulement l'estomac absorbe, mais il est nécessaire qu'il absorbe, et plus il absorbe, plus il se fait de ferment pancréatique.

C'est ainsi que si, par défaut ou de temps ou d'activité de l'estomac, les aliments qui ont été confiés à cet organe n'ont point subi la liquéfaction et la transformation digestives, ils ne peuvent être absorbés, dès lors le pancréas reste également impuissant.

Si l'avance ou le retard que subit la liquéfaction ou la transformation digestive vient de la résistance des aliments, le même effet a encore lieu. Ainsi, lorsque l'on confie à l'estomac des aliments qui sont de nature à s'y digérer et dissoudre lentement, l'absorption gastrique des peptones est retardée, dès lors l'énergie maxima du pancréas se trouve reculée d'autant, et n'a guère lieu avant la septième ou huitième heure du repas. C'est le cas des viandes desséchées, des tendons, des viandes crues et coriaces.

Au contraire, cette heure se trouve avancée lorsque l'on confie à l'estomac des aliments qui se digèrent, se dissolvent et conséquemment peuvent être absorbés très vite, comme les viandes bien cuites, très divisées, les substances gélatineuses organisées. Les aliments liquides et non coagulables par le suc gastrique sont de cette catégorie, à ce titre, nuls plus que la gélatine dissoute et le bouillon n'exercent un effet plus rapide sur l'époque de l'énergie maxima du pancréas, qui se trouve extrêmement avancée.

C'est ainsi que, à la troisième heure, nous avons vu des animaux auxquels on avait administré seulement du bouillon présenter le maximum d'énergie du pancréas ; l'infusion de celui-ci digérait facilement alors 45 à 50 grammes d'albumine (1).

XIII. — *Lien étroit qui fait varier l'activité du pancréas avec la digestion gastrique.*

On voit combien les variations que subissent l'heure d'élaboration maxima, et l'abondance de formation du ferment pancréatique se trouvent étroitement liées aux diverses conditions de la digestion gastrique.

---

(1) Lorsque l'heure du maximum d'énergie du pancréas vient plus tôt, l'heure d'épuisement *peut* aussi se trouver avancée d'autant. Dans le cas précédent, celle-ci peut arriver à la sixième heure.

Dans les cas où les aliments, de leur nature, se digèrent extrêmement vite, il faut prendre le pancréas à l'heure à laquelle la dissolution s'effectue ; avec la gélatine par exemple, la troisième peut-être celle du maximum de richesse du pancréas.

On conçoit, dès lors, combien, avant que je n'eusse fait la remarque de ces particularités, l'observation était difficile, puisque je pouvais trouver, suivant l'heure, la nature des repas, etc., des pancréas tantôt très actifs, tantôt encore inertes et déjà épuisés, et combien il importe aux expérimentateurs qui voudront nous suivre de fixer avec une précision extrême la quantité (1), la nature des aliments administrés, et de faire précéder les conclusions tirées de l'essai du pancréas par l'examen précis de la digestion et de l'absorption gastriques.

On voudra bien remarquer que les expériences relatées dans ce mémoire ont été, pour la plupart, faites depuis longtemps, et que c'est en juillet 1859 que j'en ai formellement annoncé les principaux résultats :

« Le suc gastrique, s'il a digéré les aliments albuminoïdes dans l'estomac et a été absorbé avec les peptones, favorise tellement l'action pancréatique par un effet direct qu'à la cinquième heure de la digestion gastrique le pancréas a le maximum de puissance ; EN UN MOT, IL FAUT QUE LE PANCRÉAS VIENNE D'ÊTRE NOURRI IMMÉDIATEMENT DE PEPTONES GASTRIQUES POUR QU'IL ACQUIÈRE SON MAXIMUM D'ACTION. » (*Académie des sciences*, 4 juillet, et *Gazette hebdomadaire de médecine*, 1859, p. 442.) Et plus explicitement :

« Le pancréas ne se charge pas de ferment pancréatique en l'absence de digestion et de peptones gastriques ; une pure action sympathique de l'estomac sur le pancréas est impuissante à faire effectuer une réelle production de ferment pancréatique, aussi bien que sont impuissantes, pour cet objet, l'absorption et la production, quelque grandes qu'elles soient, de peptones intestinales. » (Voy. *Gazette hebdomadaire*, 22 juillet 1859, p. 456.)

Le présent mémoire rapporte en détail ce sur quoi nous nous étions fondé, pour nous exprimer ainsi, à cette époque.

Ajoutons qu'en septembre 1859, M. le professeur Schiff passant à Paris, nous eûmes l'occasion de faire en commun avec lui de nouvelles expériences (2) sur ce sujet. Par celles-ci, notre manière de voir s'est trouvée confirmée, et sous d'autres rapports développée largement. Je renvoie à la publication prochaine que nous ferons de nos expériences.

Nous ajouterons encore deux mots.

---

(1) Pour des animaux de 12 à 13 kilogrammes, le repas expérimental se compose ordinairement de 175 grammes de viande bouillie, 25 grammes de pain, 50 grammes de bouillon, en tout 250 grammes, et 500 grammes pour des animaux de 25 kilogrammes. (Nous avons indiqué le repas préparatoire page 181, ligne 28 et note 2.)

(2) Ce travail commun a été déposé en paquet cacheté à l'Académie des sciences le 31 octobre 1859. M. Schiff en a déjà dit quelques mots dans le *Schmidt's Jahrbücher*, 1860, vol. CV, p. 269.

XIV. — *Théorie.* — *Nutritions locales.*

Nous avons vu la sécrétion, *la production* du ferment pancréatique ressentir surtout une vive influence des produits de la digestion gastrique ; or une telle solidarité peut surprendre, relativement à l'état actuel de la science sur le mécanisme des sécrétions.

En effet, aux purs phénomènes nerveux et vasculaires auxquels jusqu'à présent on avait fait, en général, honneur de la sécrétion, se trouve substituée, si nous ne nous trompons, une doctrine absolument contraire, à savoir que la principale nécessité du pancréas pour former les matériaux distinctifs et fonctionnels de la sécrétion, c'est l'arrivée en son sein de matériaux déterminés, façonnés par la digestion gastrique, traversant la muqueuse de cet organe, apportés par la circulation, LES PEPTONES GASTRIQUES.

Non-seulement cette solidarité paraîtra nouvelle à quelques-uns, mais d'autres demanderont :

Qu'est-ce que les peptones ? Nous avons dit, page 117, art. 22 de notre mémoire *sur une fonction peu connue*, etc., que les peptones forment un genre aussi bien caractérisé que le genre albuminoïde les art. 18, 19, 20, 21 justifient cette assertion, nous pouvons ajouter :

Quelle que soit leur nature chimique, qu'elles ne constituent qu'une seule espèce (albuminose), ou, comme nous l'avons soutenu, qu'elles soient aussi nombreuses que les aliments qui leur ont donné naissance par la digestion ; qu'elles constituent des corps définis ou non, puissent naître d'une seule façon ou de plusieurs, de quelque appellation (chyme gastrique, nutriments azotés, peptones, albuminose) qu'on veuille les décorer, ELLES EXISTENT, et de plus elles provoquent la formation du ferment pancréatique. Laissons le temps, l'avenir accomplir d'autres progrès.

Mais si le suc pancréatique naît des peptones gastriques absorbées par l'estomac, à quelles nutritions locales servent les peptones gastriques absorbées par l'intestin, à quoi servent surtout les peptones intestinales, etc. ? Par quels matériaux déterminés se font la bile, le sperme, le tissu musculaire, cellulaire, cancéreux ?

Telles sont les questions à soulever. Mais ce qui doit frapper, c'est l'espoir de pouvoir un jour, à l'aide de connaissances plus précises, cherchées dans la voie ouverte, diriger, maîtriser pour ainsi dire chacune des digestions l'une par l'autre, et donner par la physiologie de la digestion un puissant secours à la thérapeutique.

Paris. — Imprimerie de L. MARTINET, rue Mignon, 2.

1

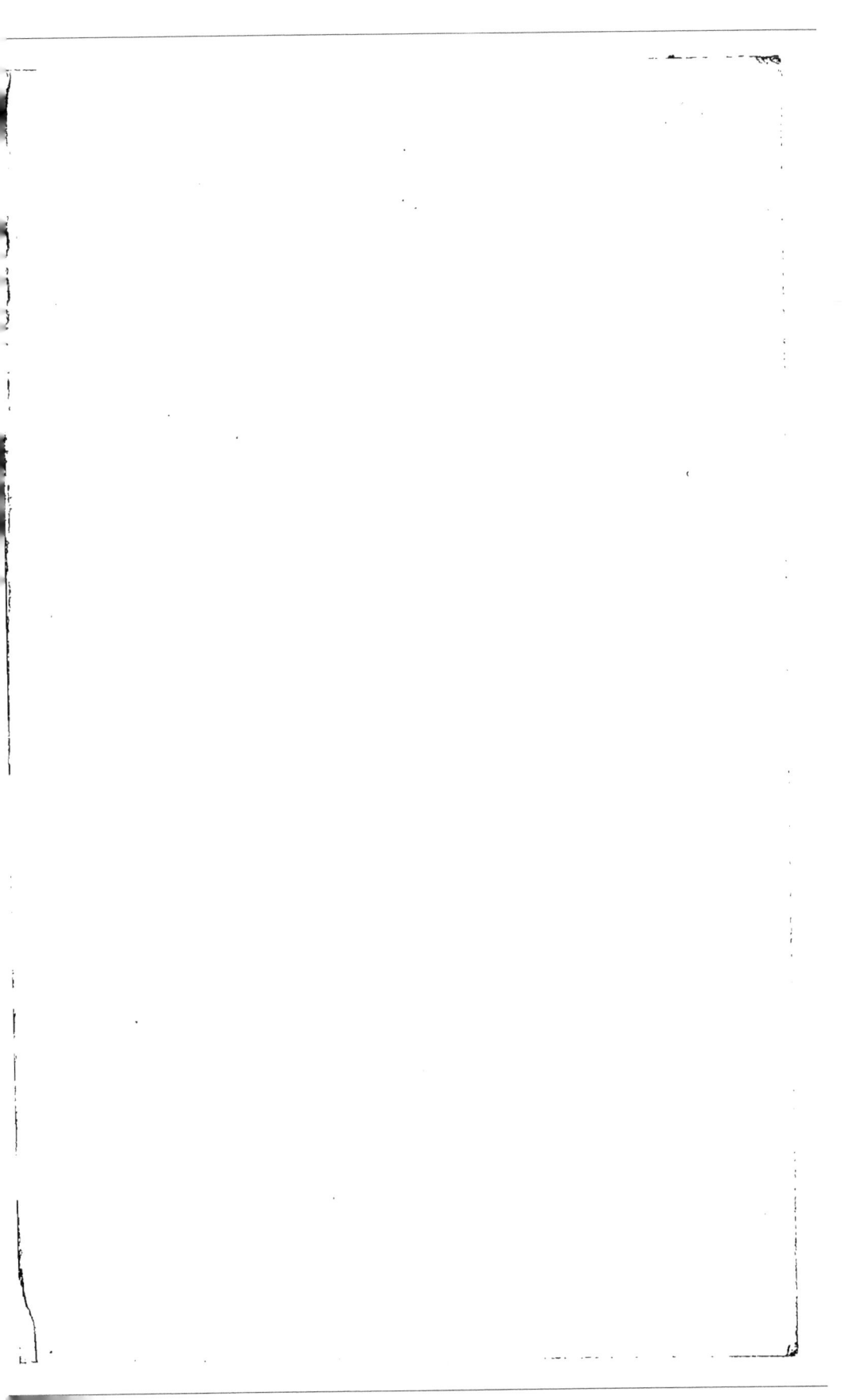

BIBLIOTHEQUE NATIONALE DE FRANCE

3 7531 03287658 4

www.ingramcontent.com/pod-product-compliance
Lightning Source LLC
Chambersburg PA
CBHW071329200326
41520CB00013B/2921